AF460339

LE JARDIN
DE S.T SEBASTIEN

AVEC DES NOTES

SUR QUELQUES PLANTES NOUVELLES

OU PEU CONNUES.

PAR M.R DE SPIN

MEMBRE DU COLLÉGE ÉLECTORAL DE DÉPARTEMENT

Et du Conseil général du Département du Pô

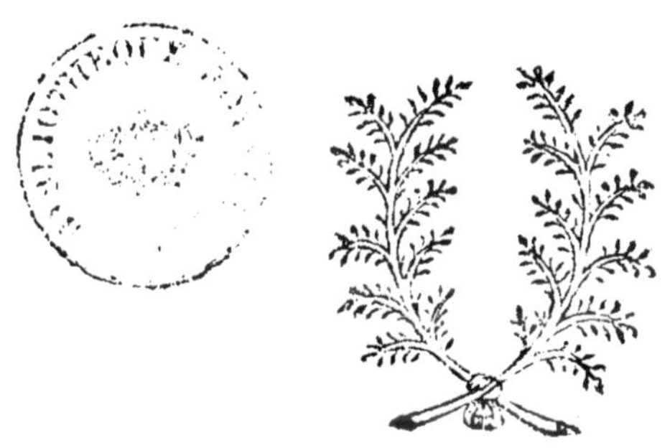

TURIN 1812

DE L'IMPRIMERIE SOFFIETTI

Rue de la Doire num. 30.

La nomenclature des végétaux que nous offre le célèbre Willdenow dans son *Species Plantarum et Enumeratio Plant. Hort. R. Berolinensis*, étant aujourd'hui la plus généralement adoptée, c'est celle que j'ai suivie pour la rédaction de ce Catalogue.

Quant aux espèces dont il ne fait point mention dans ces ouvrages, j'ai cité autant que possible les Auteurs qui en ont parlé; et j'ai distingué par une croix † celles dont l'origine m'était inconnue.

J'aurais désiré pouvoir bien déterminer celles qui restent encore douteuses, mais je n'avais pas pour ce travail, assez de livres à ma disposition, ni assez de loisir pour pouvoir l'entreprendre.

J'ai cependant tracé quelques notes à l'égard d'un petit nombre de plantes nouvelles, ou pas assez bien connues. Je désire que le résultat de mes observations puisse être agréable aux Botanistes, et aux Amateurs de cette science.

ABREVIATIONS.

All. . . . . Allioni.
Andr. . . . . . . Andrews.
Balb. . . . . . Balbis.
Bert. . . . . . Bertoloni.
Brot. . . . . . . Brotero.
Brous. . . . . . . Broussonet.
Cav. . . . . Cavanilles.
Cels. . . . . Cels.
D. Cand. . . . De Candolle.
D. Lau. . . . . . De Launay.
Desf. . . . . . . Desfontaines.
D. Cours. . . . Dumont de Courset.
Gmel. . . . . . . Gmelin.
Horn. . . . . . . Hornemann.
Hortul. . . . . Hortulani.
H. Berol. . . . Hortus Berolinensis.
H. Cant. . . . —— Cantabrigensis.
H. Hafn. . . . —— Hafniensis.
H. Matr. . . . —— Matritensis.
H. Par. . . . . —— Parisiensis.
H. Taur. . . . —— Taurinensis.
Jacq. . . . . Jacquin.
Kit. . . . . Kitaibel.
Lmk. . . . . . . Lamark.
Mill. . . . . . . Miller.
Ort. . . . . Ortega.
Pers. . . . . . . Persoon.
Poir. . . . . Poiret.
Santi. . . . . . . Santi.
Schousb. . . . . . Schousbue.
Vahl. . . . . . . Vahl.
Vent. . . . . . . Ventenat.
Vitm. . . . . . . Vitman.
Zucc. . . . . . . Zuccagni.

A

ABROMA
augustum.
ACANTHUS
mollis.
spinosus.
ACACIA
acanthocarpa.
coronillæfolia.
dodonæifolia. - - *H. Taur.*
eburnea.
farnesiana.
filicina.
floribunda.
glandulosa.
glauca.
glaucescens.
Julibrissin.
linifolia.
longifolia.
portoricensis.
speciosa.
strombulifera.
suaveolens.
tamariscina.
tetragona.
ACARNA
cancellata.
ACER
campestre.
creticum.
dasycarpum.
monspessulanum.
Negundo.
Opalus.
pensylvanicum.
platanoides.
id. laciniatum.
Pseudo-Platanus.
id. fol. variegat.
rubrum.
saccharinum.
ACHANIA
Malvaviscus.
ACHILLEA
crithmifolia.
decolorans.
ligustica.
macrophylla.
magna.

ACHILLEA
Millefolium.
ead. fl. rub.
nana.
odorata.
Ptarmica.
ead. fl. pleno.
speciosa.
tomentosa.
ACHYRANTHES
argentea.
lappacea.
ACONITUM
Anthora.
cernuum.
septentrionale.
tauricum.
ACORUS
Calamus.
gramineus.
ADELIA
Acidoton.
ADENANTHERA
pavonina.
ADIANTHUM
pedatum.
ADONIS
æstivalis.
ÆSCHYNOMENE
americana.
ÆSCULUS
Hippocastanum
macrostachys. - - *Pers.*
Pavia.
AGAPANTHUS
umbellatus.
AGATHOSMA
acuminata.
AGAVE
americana.
ead. fol. varieg.
brachystachya. - - *Cav.*
fœtida.
lurida.
rigida. *Mill.* (1)
spicata. *Cav.*
virginica.
vivipara.
AGERATUM
conyzoides.

AGRIMONIA
odorata.
AGROSTEMMA
Cœli rosa.
Coronaria.
ead. fl. pleno.
Flos jovis.
AILANTHUS
glandulosa.
AJUGA
orientalis.
ALBUCA
abyssinica.
altissima
major.
ALETRIS
fragrans.
ALLIUM
album. *Santi.*
angulosum.
ascalonicum.
carinatum.
Cepa.
fistulosum.
fragrans.
magicum.
nigrum.
nutans.
oleraceum.
pallens.
paniculatum.
Porrum.
roseum.
rubens.
Schœnoprasum.
senescens.
subhirsutum.
ursinum.
Victorialis.
ALNUS
glutinosa.
ead. laciniata.
ALOE
abyssinica. *Pers.*
arborescens.
arachnoides. - - *var.* (2)
atrovirens.
brevifolia.
carinata.
herbacea. *Mill.*
humilis *var.* (2)

ALOE
Lingua.
ead. crassifolia.
ead. verrucosa. - - *Dec.*
margaritifera minor.
ead. minima.
mitraeformis.
picta.
plicatilis.
retusa.
rigida.
Serra.
soccotrina.
spiralis.
ead. pentagona.
tortuosa. *H.* - - *Cant.* (2)
variegata.
vera. *Pers.*
verrucosa.
viscosa.
umbellata. *Pers.*
vulgaris.
ALSTROEMERIA
Ligtu.
Pelegrina.
ALTHÆA
cannabina.
ficifolia.
grandiflora.
rosea.
ead. chinensis.
ALYSSUM
argenteum.
saxatile.
sinuatum.
spinosum.
AMARANTHUS
caudatus.
cruentus.
hybridus.
tricolor.
AMARYLLIS
Atamasco.
aurea.
Belladonna.
equestris.
formosissima.
longifolia.
lutea.

AMARYLLIS
marginata.
ornata.
reginæ.
sarniensis.
undulata.
vittata.

AMBROSINIA
Bassii.

AMIROLA
nitida.

AMOMUM
Zerumbet.
Zingiber.

AMORPHA
fruticosa.

AMSONIA
latifolia.

AMYGDALUS
communis.
orientalis.
Persica *pl. var.*
pumila *fl. pl.*

AMYRIS
polygama.

ANAGYRIS
fœtida.

ANDROMEDA
paniculata.

ANEMONE
coronaria*pl.var.*
hortensis.
nemorosa.
ead. fl. pleno.
pavonina. *Pers.*

ANETHUM
Fœniculum.

ANGELICA
Archangelica.
lucida.
verticillaris.

ANTHEMIS
arabica.
artemisiaefolia.
ead. fl. pleno.
altissima.
Cota.
nobilis.
ead. fl. pleno.
triloba.

ANTHERICUM
Liliago.

ANTHOLYZA
aethiopica.
carnea. †
Cunonia.
ringens.

ANTHYLLIS
Barba jovis.
cornicina.
Hermanniæ.
montana.
Vulneraria.

ANTIRRHINUM
majus.
sileneefolium. - - *Schousb.*

APIUM
Petroselinum.

APOCYNUM
androsaemifo- -lium.
cannabinum.

AQUILEGIA
alpina.
canadensis.
lutea. *D. Cours.*
viridiflora.
vulgaris. *pl. va- -riet.*

ARACHIS
hypogaea.

ARALIA
racemosa.
spinosa.

ARBUTUS
alpina.
Andrachne.
Unedo.

ARCTOTIS
aspera.
tristis.

ARDISIA
humilis.

ARDUINA
bispinosa.

ARGEMONE
mexicana.

ARISTOLOCHIA
altissima.
Serpentaria.
Sipho.
trilobata.

ARISTOTELIA
Maqui.

ARMERIA
latifolia.
vulgaris.

ARTEDIA
squamata

ARTEMISIA
Abrotanum.
Absinthium.
arborescens.
argentea.
camphorata.
chinensis.
Dracunculus.
pontica.
suaveolens.
tenuifolia.
vallesiaca.

ARUM
Colocasia.
Dracunculus.
trilobatum.

ARUNDO
Donax.
ead. versicolor.

ASCLEPIAS
amœna.
curassavica.
fruticosa.
incarnata.
Linaria.
mexicana.
nigra.
nivea.
parviflora.
pubescens.
syriaca.
tuberosa.

ASPARAGUS
acutifolius.
officinalis.

ASPHODELUS
fistulosus.
luteus.
ramosus.
spicatus. *Desf.*

ASTER
acris.
Amellus.
chinensis. *pl. - - variet.*
cordifolius.
elegans †
glutinosus.
grandiflorus.
linifolius.
macrophyllus.
mutabilis.
novae angliae.
novi belgii.
puniceus.
pusillus. †
scandens. *Cels.*
tardiflorus.
tenellus.
Tripolium.
umbellatus.

ASTRAGALUS
cymbiformis.
galegiformis.

ASTRANTIA
major.

ATHANASIA
crithmifolia.

ATRAGENE
alpina.
indica. *fl. pl.*

ATRAPHAXIS
undulata.

ATRIPLEX
Halimus.
hortensis.
ead. rubra.

ATROPA
arborescens.
frutescens.

AUBLETIA
Tribourbou.

AUCUBA
japonica.

AZALEA
procumbens.
nudiflora.
viscosa

B

BACCHARIS
Dioscoridis.
ivaefolia.

BALLOTA
lanata.

BALSAMITA
vulgaris.

BAMBUSA
arundinacea.
nova species.

BANKSIA
pinnata. †
BASELLA
alba.
lucida.
rubra.
BAUHINIA
aculeata.
porrecta.
BEGONIA
dichotoma.
nitida.
odorata. †
BELLIS
perennis.
ead. hortensis.
ead. fl. albo bullato.
ead. fl. multiplici-fistuloso.
BERBERIS
vulgaris.
eadem canadensis.
BERTOLONIA
glandulosa. (3)

BETONICA
officinalis.
stricta.
BETULA
alba.
nana.
BIDENS
heterophylla.
odorata.
radiata. *Pers.*
BIGNONIA
aequinoxialis.
Catalpa.
pandorana.
radicans.
stans.
BISCUTELLA
apula.
BLITUM
capitatum.
virgatum.
BOCCONIA
frutescens.
BOEBERA
chrysanthemoides.

BOERHAAVIA
arborescens. *Pers.*
scandens.
viscosa.
BOLTONIA
glastifolia.
BOMBAX
Ceiba.
BONTIA
daphnoides.
BORAGO
officinalis.
orientalis.
BOSEA
Yervamora.
BRACHYSTEMUM
linifolium.
BROUSSONETIA
papyrifera.
BROWALLIA
elata.
BRUNIA
lanuginosa.
BRYONIA
africana.

BUDLEJA
globosa.
salvifolia.
BULBINE
annua.
frutescens.
BUMELIA
lycioides.
BUPHTALMUM
frutescens.
grandiflorum.
Helianthoides.
salicifolium.
sericeum.
BUPLEURUM
coriaceum.
fruticosum.
junceum.
BUTOMUS
umbellatus.
BUXUS
balearica.
sempervirens.

C

CACALIA
Antheuphorbium.
articulata.
Ficoides.
Kleinia.
repens.
sagittata.
suaveolens.
CACHRYS
panascifolia.
CACTUS
brasiliensis. *Lmk.*
coccinellifer.
curassavicus.
cylindricus.
Ficus indica.
flagelliformis.
glomeratus, *Per.*
grandiflorus.
heptagonus.
hexagonus.
lanuginosus.
mammillaris.

CACTUS
Melocactus.
Opuntia.
parasiticus.
pendulus.
proliferus. (4)
Pereskia.
peruvianus.
Id.? monstruosus.
Phyllanthus.
Pitajaya.
repandus.
Royeni.
serpentinus, *D. Cours.* (5)
speciosus. (6)
spinosissimus.
tetragonus.
triangularis.
id. variegatus.
Tuna.
id. spin. alb.
CADIA
purpurea.

CÆSALPINIA
pulcherrima.
Sappan.
CALADIUM
arborescens
auritum.
bicolor.
sagittifolium.
scandens ?
CALCEOLARIA
pinnata.
CALDASIA
heterophylla.
CALEA
aspera.
CALENDULA
officinalis. *fl. pl.*
pluvialis.
stellata.
CALLA
aethiopica.
palustris.
CALLICARPA
americana.

CALLUNA
vulgaris.
CALTHA
palustris. *fl. pl.*
CALYCANTHUS
floridus.
glaucus.
laevigatus.
praecox.
CAMELLIA
japonica *fl. plen. albo.*
ead. fl. pl. rubro.
CAMPANULA
diffusa.
grandiflora.
Medium.
peregrina
persicifolia *fl. p.*
pyramidalis.
CANNA
chinensis.
flaccida.
glauca.
lutea. *Pers.*

CANNA
rubra.
CAPPARIS
spinosa. *var. inermis*
saligna.
CAPRARIA
biflora.
lucida.
CAPSICUM
annuum.
baccatum.
cerasiforme.
conicum. *Lmk.*
flavum. †
frutescens.
grossum.
microcarpon (7)
violaceum. *Cav.*
CARDIOSPERMUM
Halicacabum.
id. minus.
CARPINUS
Betulus.
CARICA
Papaya.
CARTHAMUS
cœruleus.
creticus.
tinctorius.
CASSIA
bicapsularis.
Cauca. *Pers.*
Chamaecrista.
chinensis.
falcata. *Lmk.*
marilandica.
mollis.
nictitans.
planisiliqua.
Senna *italica.*
Sennoides.
Sunsub. *Gmel.*
tomentosa.
CASSINE
Maurocenia.
CASTANEA
vesca.
CASUARINA
equisetifolia.
CATANANCHE
cœrulea.
CEANOTHUS
africanus.
CEANOTHUS
americanus.
CELASTRUS
buxifolius.
lucidus.
octogonus.
pyracanthus.
CELOSIA
argentea.
cristata.
CELTIS
australis.
occidentalis.
orientalis.
CENTAUREA
alba.
atropurpurea.
Cineraria.
collina.
conifera.
Crocodylium.
Cyanus.
elongata.
ferox.
Forardii. †
montana.
moschata.
eadem fl. albo.
nigra.
ragusina.
ruberrima. †
salmantica.
schemnitzensis
semperflorens. †
sempervirens.
sonchifolia.
spinosa.
splendens.
suaveolens.
uniflora.
CEPHALANTHUS
occidentalis
CEPHALOPHORA
glauca.
CERASTIUM
tomentosum.
CERATONIA
Siliqua.
CERCIS
Siliquastrum.
CESTRUM
diurnum.
fœtidissimum.
laurifolium.
nocturnum.
CESTRUM
Parqui.
undulatum *Pers.*
CHÆROPHYLLUM
aromaticum.
CHAMÆROPS
humilis
CHEIRANTHUS
annuus *cum var.*
id. fol. glabris.
Cheiri.
id. fl. pleno.
Erysimoides.
frutescens.
incanus *cum var.*
id. fol. glabris.
littoreus.
maritimus.
mutabilis.
parviflorus.
scoparius.
semperflorens. *Pers.*
sinuatus.
CHELONE
barbata.
obliqua.
CHENOPODIUM
Scoparia.
CHIONANTHUS
virginica.
CHIRONIA
frutescens.
CHRYSANTHEMUM
carinatum.
coronarium.
CHRYSOCOMA
cernua.
Comaurea.
Linosyris.
CINERARIA
Amelloides.
aurita.
canadensis.
maritima.
CISSUS
antarctica.
orientalis.
CISTUS
albidus.
crispus.
heterophyllus.
incanus.
ladaniferus.
CISTUS
laurifolius.
laxus.
Ledon.
monspeliensis.
pilosus.
salvifolius.
vaginatus.
villosus.
CITHAREXYLUM
cinereum.
pentandrum.
quadrangulare.
CITRUS
Aurantium. *pl. varies.*
Decumana.
Medica. *pl. varies.*
CLEMATIS
balearica. *Pers.*
calycina.
cirrhosa.
crispa.
erecta.
Flammula.
integrifolia.
orientalis.
Viorna
virginiana.
Vitalba
Viticella.
ead. fl. pl.
CLEOME
aculeata.
arabica.
gigantea.
pentaphylla.
spinosa.
uniglandulosa.
viscosa.
CLEONIA
lusitanica.
CLERODENDRUM
fortunatum.
fragrans. *fl. pl.*
infortunatum.
CLETHRA
alnifolia.
arborea.
CLINOPODIUM
vulgare. *fol. var*
CLITORIA
Ternatea.
virginiana.

CLUYTIA
pulchella.
CNEORUM
pulverulentum. -*Pers.*
tricoccum.
CNICUS
afer.
idem diacantha.
Casabonae.
ochroleucus.
COBÆA
scandens.
COCCOLOBA
obtusifolia.
punctata.
COCHLEARIA
Armoracia.
glastifolia.
COFFEA
arabica.
COLCHICUM
autumnale.
COLLINSONIA
canadensis.
COLUTEA
arborescens.
cruenta.
frutescens.
Pocokii.
COMARUM
palustre.
COMMELINA
erecta.
COMPTONIA
asplenifolia.
CONVALLARIA
bifolia.
japonica. *mi-nor.*
majalis.
ead. fl. pl.
multiflora.
Polygonatum.
CONVOLVULUS
Batatas.
Cneorum.
elongatus,
Hermanniae.
panduratus.
purpureus.
scoparius.
Soldanella.
tricolor.

CONYZA
saxatilis.
sericea.
squarrosa.
CORDIA
rotundifolia ?
Sebestena.
COREOPSIS
ferulaefolia.
lanceolata.
tripteris.
verticillata.
CORIANDRUM
sativum.
CORIARIA
myrtifolia.
CORIS
monspeliensis.
CORNUS
alba.
alternifolia.
canadensis.
florida.
mascula.
paniculata.
sanguinea.
sericea.
CORONILLA
aculeata.
Emerus.
glauca.
valentina.
varia.
CORREA
alba.
CORYDALIS
lutea.
nobilis.
sempervirens.
CORYLUS
Avellana.
ead. maxima.
Colurna.
CORYPHA
umbraculifera.
COSMEA
bipinnata.
parviflora.
COSTUS
speciosus.
COTULA
aurea.
coronopifolia.

COTYLEDON
fascicularis.
hemisphœrica.
laciniata.
orbiculata.
paniculata.
spuria.
Umbilicus. *var. -peltatum.*
CRASSULA
alba. *Hortul.*
arborescens.
coccinea.
cymosa.
imbricata.
lactea.
obliqua.
obvallata.
perfoliata.
perforata.
portulacea.
spathulata.
tetragona.
CRATÆGUS
florentina. *Zucc.*
spicata. †
CREPIS
alpina.
rubra.
CRINUM
americanum.
erubescens.
CRITHMUM
maritimum.
CROCUS
sativus.
vernus.
CROTALARIA
incana.
juncea.
laburnifolia.
purpurascens.
retusa.
sagittalis.
semperflorens.
CROTON
argenteum.
penicillatum.
CRUCIANELLA
latifolia.
monspeliaca.
CUCUMIS
Chate.
Dudaim.

CUCUMIS
Melo.
sativus.
CUCURBITA
lagenaria.
Melopepo.
Pepo.
CUPRESSUS
disticha.
sempervirens.
ead. horizonta-lis.
CURCUMA
longa.
CYCAS
revoluta.
CYCLAMEN
coum.
europaeum.
hederaefolium.
persicum.
CYDONIA
vulgaris.
CYMBIDIUM
sinense.
CYNANCHUM
acutum.
erectum.
viminale.
CYNARA
Scolymus.
CYNOGLOSSUM
linifolium.
Omphalodes
pictum.
CYPERUS
Papyrus.
CYPRIPEDIUM
Calceolus.
CYSTICAPNOS
africana.
CYTISUS
austriacus.
Cajan.
capitatus.
hirsutus.
Laburnum.
nigricans.
Pseudo Cayan. -*H. Hafn.*
purpureus.
sessilifolius.

D

DALEA
Lagopus.
DAPHNE
Cneorum.
Laureola.
Mezereum.
odora.
pontica.
DATISCA
cannabina.
DATURA
ceratocaula.
fastuosa.
suaveolens.
Tatula.
DAUCUS
Carota.
lucidus.
DECUMARIA
barbara.
DELPHINIUM
Ajacis. *pl. var*
· azureum. *Pers.*
Consolida
elatum
exaltatum.
hybridum.
peregrinum.
Staphisagria.
tridactylum. - *Pers.*
villosum.
DESMANTHUS
diffusus.
plenus.
punctatus.
virgatus.
DIANELLA
nemorosa.
DIANTHUS
atrorubens.
barbatus.
id. fl. pl.
capitatus. *H. Cant.*
caesius.
Caryophyllus. *pl. var.*
chinensis. *fl. pl.*
collinus.
hispanicus. *D. Cours.*
plumarius. *fl. pleno.*
prolifer.
scaber.
serotinus.
superbus.
id. fl. pl.
virgineus.
DICTAMNUS
albus.
DIERVILLA
canadensis.
DIGITALIS
ferruginea.
lanata.
lutea.
orientalis.
purpurea.
ead. fl. albo.
DILLENIA
scandens.
DIOSCORÆA
sativa.
DIOSMA
ericoides.
DIOSPYROS
Lotus.
virginiana
DODECATHEON
Meadia.
DODONÆA
angustifolia.
viscosa.
DOLICHOS
Brunelli. *Zucc.*
caribaeus †
dodrantalis.
Lablab.
lignosus.
luteolus.
purpureus.
sesquipedalis.
sinensis.
Soja.
DOLICHOS
Zebra. *Zucc.*
DOMBEYA
ferruginea.
DORSTENIA
Contrayerva.
DORYCHNIUM
herbaceum.
DRACÆNA
terminalis.
DRACOCEPHALUM
canariense.
canescens.
chamœdryoides - *Pers.*
Moldavica.
peltatum.
peregrinum.
sibiricum.
virginianum.
DRACONTIUM
pertusum.
DRYAS
octopetala.
DURANTA
Ellisia.
microphylla. - *Desf.*
Plumieri.

E

ECHINOPS
sphærocephalus
ECHIUM
candicans.
capitatum.
creticum.
fruticosum.
giganteum.
EHRETIA
Beurreria.
tinifolia.
ELÆAGNUS
angustifolia.
ELICHRYSUM
bracteatum.
fulgidum.
EPILOBIUM
angustifolium.
angustissimum.
ERICA
abietina.
arborea.
arbutiflora. †
ciliaris.
concinna.
cruenta.
herbacea. *carnea.*
longiflora. *Pers.*
mammosa.
margaritacea.
mediterranea.
ERICA
minima. †
multiflora. *alba.*
persoluta.
polytrichifolia†
rubens.
stricta.
strigosa.
tubiflora.
vagans.
versicolor.
ERIGERON
bahamense. *Vit.*
ERODIUM
gruinum.
hymenodes.
ERODIUM
malacoides.
moschatum.
petraeum.
ERYSIMUM.
Barbarea. *fl. pl.*
Cheiranthoides
ERYTHRINA
abyssinica. *Lmk.*
Corallodendron
herbacea.
velutina.
ERYTHRONIUM
Dens canis.
EUCALYPTUS
resinifera.

EUCALYPTUS
saligna.
EUCLEA
racemosa.
EUCOMIS
punctata.
regia.
EUGENIA
Jambos.
uniflora.
EVONYMUS
americanus.

EVONYMUS
atropurpureus.
europaeus.
latifolius.
verrucosus.
EUPATORIUM
aromaticum.
cannabinum.
urticaefolium.
EUPHORBIA
Anacantha.
antiquorum.

EUPHORBIA
atropurpurea.
canariensis.
Caput medusae.
ead. major.
cereiformis.
cyathiformis. †
cyathophora.
Cyparissias.
geniculata.
laeta.
Lathyris.

EUPHORBIA
literata.
mammillaris.
mauritanica.
myrsinites.
neriifolia.
officinarum.
piscatoria.
sylvatica.
Tirucalli.
Tithymaloides.
tuberculata.

F

FABRICIA
laevigata.
FAGARA
tragodes.
FAGUS
sylvatica.
FERRARIA
Ferrariola.
pavonia.
undulata.
FERULA
communis.
glauca.
Ferulago.
tingitana.
FICUS
australis.
benghalensis.

FICUS
Carica. *pl. va-riet.*
citrifolia. *Lmk.*
glaucophylla.
macrophylla. *Pers.*
populnea.
pumila.
racemosa.
religiosa.
stipulata.
FLAVERIA
Contrayerba.
FONTANESIA
phylliraeoides.
FRAGARIA
chiloensis.

FRAGARIA
vesca.
ead. fr. albo.
ead. semperflo-rens.
virginiana.
FRANKENIA
laevis.
FRANSERIA
artemisioides.
FRAXINUS
americana.
angustifolia.
caroliniana.
excelsior.
ead. pendula.
ead. verrucosa.
juglandifolia.

FRAXINUS
lentiscifolia.
Ornus.
platycarpa.
pubescens.
sambucifolia.
simplicifolia.
FRITILLARIA
imperialis.
ead. fl. pl. luteo.
Meleagris.
persica.
pyrenaica.
FUCKSIA
coccinea.
lycioides.

G

GALEGA
ochroleuca.
officinalis.
stricta.
GALINSOGEA
parviflora.
trilobata.
GARDENIA
florida. *fl. pl.*
GAULTHERIA
procumbens.
GAURA
biennis.
mutabilis.
tripetala.
GENISTA
candicans.
florida.

GENISTA
germanica.
januensis. *Pers.*
ovata.
pilosa.
tinctoria.
GENTIANA
asclepiadea.
Pneumonanthe.
GEORGINA
coccinea.
ead. flava ?
variabilis.
ead. rosea.
GERANIUM
aconitifolium.
anemonefolium
bohemicum.

GERANIUM
carolinianum.
decumbens. †
divaricatum.
dissectum.
fuscum.
incanum.
lucidum.
macrorhizum.
molle.
phaeum.
pratense.
purpureum.
pusillum.
pyrenaicum.
sanguineum.
id. prostratum.
sibiricum.

GERANIUM
sylvaticum.
tuberosum.
umbrosum.
GESNERIA
tomentosa.
GEUM
rivale.
GLADIOLUS
angustus.
blandus.
communis.
idem fl. albo.
cuspidatus.
id. trimaculatus.
formosus. *Pers.*
grandiflorus.
gramineus.

GLADIOLUS
- imbricatus.
- iridifolius.
- longiflorus.
- *idem fl. pallido.*
- merianus.
- plicatus.
- sambucinus.
- securiger.
- striatus.
- strictus.
- sulphureus *Pers.*
- trimaculatus - - *Pers.*
- tristis.
- tubatus.
- undulatus.
- ventricosus.

GLAUCIUM
- luteum.

GLEDITSCHIA
- triacanthos.

GLOBBA
- japonica.
- nutans.

GLOBULARIA
- cordifolia.
- vulgaris.

GLORIOSA
- Superba.

GLOXINIA
- maculata.

GLYCINE
- Apios.
- bimaculata.
- bituminosa.
- caribaea.
- clandestina.
- frutescens.

GLYCINE
- lanceæfolia. - - *H. Matr.*
- monoica.
- rubicunda.
- tomentosa.
- *ead. pubescens.*

GNAPHALIUM
- fœtidum.
- margaritaceum.
- mucronatum.
- orientale. *fl. pl.*
- Staechas

GNIDIA
- simplex.

GOMPHRŒNA
- globosa.
- *ead. fl. albo.*
- interrupta.

GORTERIA
- pectinata.
- rigens.

GOSSYPIUM
- herbaceum.
- *idem rufum.*
- hirsutum.
- latifolium.
- religiosum.

GOUANIA
- integrifolia.

GREWIA
- occidentalis,
- orientalis.

GYMNOCLADUS
- canadensis.

GYPSOPHILA
- adscendens.
- paniculata.

H

HÆMANTHUS
- coccineus.
- puniceus.

HALLERIA
- lucida.

HALORAGIS
- Cercodia.

HEDERA
- Helix.

HEDYCHIUM
- coronarium.

HEDYSARUM
- canadense.
- coronarium.
- *idem fl. albo.*
- frutescens.
- gyrans.
- muricatum.
- Vespertilionis.

HELENIUM
- autumnale.
- quadridentatum.

HELIANTHEMUM
- apenninum.
- canariense.
- glutinosum.
- hirtum.
- laevipes.
- ledifolium.
- Lippii.

HELIANTHEMUM
- mutabile.
- polifolium.
- roseum. *Pers.*
- salicifolium
- vulgare.

HELIANTHUS
- annuus.
- hirsutus. †
- multiflorus.
- *idem fl. pleno.*
- tuberosus.

HELIOTROPIUM
- peruvianum.

HELLEBORUS
- fœtidus.
- lividus.
- niger.
- viridis

HELONIAS
- pendula.

HEMEROCALLIS
- alba.
- cœrulea.
- flava.
- fulva.
- Liliastrum.

HEMIMERIS
- coccinea.
- urticaefolia.

HEPATICA
- triloba.
- *ead. fl. pl. cœrul.*
- *ead. fl. pl. rubro.*

HERACLEUM
- gummiferum.

HERMANNIA
- denudata.
- hirsuta.
- micans.
- scabra.

HESPERIS
- laciniata.
- matronalis.
- *ead. fl. pl. albo.*
- tristis.

HEUCHERA
- americana.

HIBISCUS
- Abelmoschus.
- cannabinus.
- diversifolius.
- esculentus
- Manihot.
- militaris.
- Moscheutos.
- mutabilis.
- palustris.
- pentacarpos.
- phœniceus.

HIBISCUS
- Rosa sinensis.
- *id. fl. pl. purpur.*
- *id. fl. pl. rubro.*
- syriacus.
- *id. fl. pleno.*
- *id. fol. varieg.*
- speciosus.
- Trionum.
- vesicarius.

HIERACIUM
- aurantiacum.
- aureum.

HIPPIA
- frutescens.

HIPPOMANE
- biglandulosa. - *H. Cant.*

HIPPOPHÆ
- Rhamnoides.

HIPPURIS
- vulgaris.

HOFFMANSEGGIA
- Falcaria.

HOUSTONIA
- alba. †
- coccinea.
- crocata. *Hortul.*

HYACINTHUS
- cernuus.

HYACINTHUS
orientalis *pl.* - - *variet.*

HYDRANGEA
arborescens.
hortensis.
radiata.

HYDROPHYLLUM
virginicum.

HYPERICUM
aegyptiacum.
Androsaemum.
Ascyron.
balearicum.
calycinum.
hircinum.
Kalmianum.
prolificum.
sinense.

HYPOXIS
alba.
veratrifolia.
villosa.

HYSSOPUS
officinalis.

I J

JASMINUM
azoricum.
fruticans.
grandiflorum.
humile.
odoratissimum.
officinale.
Sambac.
id. fl. pleno.
id. goaense.

JATROPHA
Curcas.
urens.

IBERIS
amara.
gibraltarica.
semperflorens.
ead. fol. varieg.
sempervirens.
ead. garrexiana.
pinnata.
umbellata.

ILEX
Cassine.
prinoides.
vomitoria.

ILLECEBRUM
frutescens.

IMPATIENS
Balsamina *pl.* - - *variet.*

IMPERATORIA
Ostruthium.

INDIGOFERA
Anil.
argentea.

INGA
circinalis.

INULA
bifrons.
Helenium.
suaveolens.
viscosa.

IPOMÆA
bona nox.
coccinea.
curassavica. *All.*
discolor. *Jacq.*
hederacea.
hispida. *Zucc.*
lacunosa.
Pes tigridis.
philadelphica. †
Quamoclit.
scabra. *Gmel.*
violacea.

IRIS
chinensis.
desertorum. - - *Balb.*
ensata.
florentina.
fœtidissima.
ead. fol. varieg.
germanica.
graminea.
lurida.
lutescens.
ochroleuca.
pallida.
pavonia.
persica.
Pseudacorus.
pumila.
sambucina.
sibirica.
Sisyrinchium.
spuria.
squalens.
susiana.
Swertii. *Vahl.*
tricuspis.
triflora. *Balb.*
tripetala.
tristis.
tuberosa.
variegata.
versicolor.
Xiphium.

ITEA
virginica.

JUGLANS
cinerea.
nigra.
regia.

JUNIPERUS
Bermudiana.
communis.
phœnicea.
Sabina.
virginiana.

JUSTICIA
Adathoda.
coccinea.
Gendarussa.
hyssopifolia.
japonica.
peruviana.
quadrifida.
sexangularis.

IXIA
aristata.
bulbifera.
Bulbocodium.
crocata.
deusta.
holosericea. - - *Jacq.*
hyalina
lancea.
ead. coccinea.
leucantha.
maculata.
pendula.
punicea.
speciosa.
squalida.

K

KÆMPFERIA
Galanga.

KILLINGA
triceps.

KITAIBELIA
vitifolia.

KNAUTIA
orientalis.

KOELREUTERIA
paniculata.

KIGGELARIA
africana.

L

LACHENALIA
serotina.

LAGASCEA
mollis.

LAGERSTROEMIA
indica.

LAGUNÆA
lobata.

Lantana
aculeata.
annua.
Camara.
ead. fl. ros. et alb.
cinerea. *Lmk.*
involucrata.
nivea.
odorata.
Radula.
recta.

Larochea
falcata. *Pers.*

Lathyrus
latifolius.
odoratus.
tuberosus.

Lavandula
abrotanoides.
dentata.
heterophylla. - - *Pers.*
multifida.
pinnata.
Spica.
Stoechas.

Lavatera
acerifolia. *Cav.*
arborea.
cretica.
lusitanica.
maritima.
punctata.
trimestris.
unguiculata. - - *Pers.*

Laurus
Benzoin.
Borbonia.
foetens.
indica.
nobilis.

Lawsonia
inermis.

Ledum
latifolium.

Leptospermum
ambiguum.
juniperinum.
pubescens.
squarrosum. - - *H. Par.*
Thea.

Lessertia
annua.
perennans.

Leucojum
vernum.

Ligustrum
vulgare.

Lilium
bulbiferum.
candidum.
chalcedonicum.
Martagon.
pomponium.
pyrenaicum.

Limodorum
purpureum.

Linaria
bipartita.
genistifolia.

Linaria
purpurea.
versicolor.
vulgaris.

Linum
alpinum.
campanulatum.
maritimum.
narbonense.
perenne.
usitatissimum.

Liquidambar
Styraciflua.

Liriodendrum
Tulipifera.

Lithospermum
distichum.

Lobelia
Cardinalis.
coronopifolia.
longiflora
siphilitica.

Lonicera
alpigena.
Caprifolium.
coerulea.
etrusca. *Savi.*
Periclymenum.
ead. serotina.
ead. fol. varieg.
sempervirens.
tatarica.
Xylosteum.

Lopezia
hirsuta.
mexicana.

Lotus
creticus.
hirsutus.
jacobaeus.
rectus.

Loureira
cuneifolia.

Luffa
foetida.

Lunaria
annua.
canescens.

Lupinus
angustifolius.
hirsutus.
pilosus.

Lychnis
alpina.
chalcedonica.
ead. fl. pleno.
coronata.
dioica.
ead. fl. pleno.
Flos Cuculi.
ead. fl. pleno.
Viscaria. *fl. pl.*

Lycium
afrum.
barbarum.
boerhaviaefolium.

Lysimachia
punctata.

Lythrum
Salicaria.
virgatum.

M

Madia
viscosa.

Magnolia
grandiflora.
ead. obovata.
obovata.

Malpighia
urens.

Malva
abutiloides.
americana.
angustifolia.
cretica.
crispa.
fragrans.

Malva
lactea.
limensis.
miniata.
parviflora.
peruviana.
polystachya
scabra.
umbellata.
virgata.

Manulea
oppositifolia.

Marrubium
acetabulosum.
hispanicum.

Marrubium
supinum.

Martynia
proboscidea.

Matricaria
capensis.

Maurandia
antirrhiniflora.
semperflorens.

Medicago
lupulina.
marina.

Melaleuca
diosmaefolia.
ericifolia.

Melaleuca
hypericifolia.
linariifolia.
squarrosa.
stypheloides.
thymifolia.

Melia
Azedarach.
sempervirens.

Melianthus
major.
minor.

Melilotus
coerulea.
italica.

MELISSA
officinalis.
MELOTHRIA
pendula.
MENISPERMUM
canadense.
virginicum.
MENTHA
cervina.
citrata.
crispa.
piperita.
MENYANTHES
nymphoides.
trifoliata.
MESEMBRYANTHEMUM
acinaciforme.
albidum.
barbatum.
bellidifolium.
bicolorum.
calamiforme.
cordifolium.
crassifolium.
crystallinum.
deltoides.
dolabriforme.
echinatum.
filamentosum.
forficatum.
geniculiflorum.
glaucum.
glomeratum.
hispidum.
linguaeforme.
loreum.
murinum.
noctiflorum.
obtusum.
perfoliatum. - *H. Cant.*
pinnatifidum.
rubricaule. *H. Cant.*
spectabile.
spinosum.
splendens.
stellatum. *Mill.*
tenuifolium.
tortuosum.
umbellatum.
uncinatum.
veruculatum.
MESPILUS
Azarolus.
ead. fr. flavo.
coccinea.
Cotoneaster.
Crus galli.
ead. splendens.
germanica.
glandulosa.
japonica.
monogyna.
ead. fl. pleno.
ead. fl. rubro.
Oxyacantha.
parvifolia.
punctata.
Pyracantha.
pyrifolia.
tanacetifolia.
MESSERSCHMIDIA
fruticosa.
METROSIDEROS
crassifolia ? - *Hortul.*
glandulosa. - *Hortul.*
lanceolata.
linearis
lophantha. *Vent.*
myrtifolia. - *Hortul.*
saligna.
MIMOSA
asperata.
Cascabelillo. - *Cav.*
lentiscifolia - *Pers.*
pudica.
Sensitiva.
strigosa.
MIMULUS
glutinosus.
ringens.
MINUARTIA
montana.
MIRABILIS
Jalapa.
longiflora.
MOLUCELLA
laevis.
MOMORDICA
Balsamina.
Charantia.
cylindrica.
Elaterium.
operculata.
MORÆA
chinensis.
flexuosa.
gladiata.
iridioides.
iriopetala.
Northiana.
MORUS
alba.
nigra *var nana.*
rubra.
MURRAYA
exotica.
MUSA
paradisiaca.
MUSCARI
moschatum.
MYOSOTIS
obtusa.
MYRICA
cerifera.
cordifolia.
Gale.
quercifolia.
segregata.
serrata.
MYRSINE
africana.
retusa.
MYRSIPHYLLUM
asparagoides.
MYRTUS
communis.
ead. belgica fol. var.
ead. boetica.
ead. fl. pleno.
ead. tarentina.

N

NARCISSUS
Bulbocodium.
incomparabilis.
Jonquilla.
id. fl. pleno.
odorus.
poeticus.
Pseudo Narcissus.
Tazetta.
id. fl. pleno.
NEPETA
crispa.
incana.
italica.
lanata.
reticulata.
tuberosa.
NERIUM
flavescens. (s)
odorum *fl. pl.*
Oleander.
id. fl. albo.
NICANDRA
physalodes.
NICOTIANA
fruticosa.
macrophylla.
paniculata.
plumbaginifolia.
Tabacum.
undulata.
NIGELLA
damascena.
sativa.
NISSOLIA
fruticosa.
NOLANA
prostrata.
NYMPHÆA
alba.
NYSSA
biflora.
OCIMUM
americanum.

OCIMUM
Basilicum.
id. anisatum.
id. bullatum.
id. crispum.
gratissimum.
laxum. *Vahl.*
micranthum.
monachorum.
polystachyon.
scutellarioides.
tomentosum.

OENOTHERA
biennis.
fruticosa.
grandiflora.
longiflora.
mollissima.
muricata.
nocturna.
odorata.

OENOTHERA
parviflora.
pumila.
purpurea.
rosea.
tetraptera.

OLEA
capensis.
europaea.
fragrans.

ONONIS
fruticosa.
rotundifolia.

ONOPORDON
arabicum.
tauricum.

ORCHIS
fusca.
hircina.
militaris.
Morio.

ORCHIS
pyramidalis.
variegata.

ORIGANUM
aegyptiacum.
Dictamnus.
Majorana.

ORNITHOGALUM
arabicum.
coarctatum.
longebracteatum.
narbonense.
nutans.

ORNITROPHE
Cobbe.

OSTEOSPERMUM
cœruleum.
moniliferum.

OSTRYA
vulgaris.

OTHONNA
cheirifolia.
coronopifolia.
Tagetes.

OXALIS
Acetosa.
asinina.
caprina.
ead. fl. pleno.
flabelliformis.
incarnata.
polyphylla.
reptatrix.
speciosa.
tetraphylla.
versicolor.
violacea.

OXYBAPHUS
aggregatus.
glabrifolius.

P

PAEONIA
humilis.
officinalis.
ead. fl. pl. purpureo.
ead. fl. pl. roseo.
tenuifolia.

PALLASIA
grandiflora.
halimifolia.

PANAX
aculeatum.

PANCRATIUM
illyricum.
maritimum.

PANDANUS
odoratissima.

PAPAVER
orientale.
Rhoeas *pl. var.*
somniferum. *pl. var.*

PARKINSONIA
aculeata.

PASSERINA
hirsuta.

PASSIFLORA
alata.
angustifolia.
aurantia?

PASSIFLORA
cœrulea.
cuprea.
fœtida.
holosericea.
incarnata.
lutea.
minima.
Murucuja.
perfoliata.
rotundifolia.
suberosa.

PAVONIA
praemorsa.
spinifex.

PELARGONIUM
acerifolium.
id. var. (9)
acetosum.
adulterinum.
alchimilloides.
althaeoides.
anceps.
angulosum.
australe.
balsameum.
betulinum.
bicolor.
canariense.
capitatum.

PELARGONIUM
carnosum.
columbinum.
cordatum.
coriandrifolium.
crispum.
id. var. maj.
cucullatum.
curtisianum. †
denticulatum.
id. var. maj. (10)
echinatum.
elegans.
erubescens. (11)
exstipulatum.
formosum. *D. Cours.*
fulgidum.
gibbosum.
glutinosum.
grandiflorum.
graveolens.
grossularioides.
hermannifolium.
heterogamum.
hispidum.
hybridum.
incisum.

PELARGONIUM
inodorum.
inquinans.
lacerum.
monstrum?
multicaule.
myrrhifolium.
odoratissimum.
papilionaceum.
patulum?
peltatum.
quercifolium.
id? var. maj.
id. pinnatifidum.
Radula.
id. roseum.
ribifolium.
rigidum.
saniculaefolium.
scabrum.
semitrilobum.
tabulare.
tenuifolium.
tetragonum.
tomentosum.
tricolor.
triste.
vitifolium.

PELARGONIUM
zonale.
id. fl. albo.
id. fl. coccineo.
id. fl. violaceo.
id. fol. alb. marg.
id. fol. lut. marg.
PENTAPETES
ovata.
phœnicea.
PENTSTEMON
campanulata.
pubescens.
PERIPLOCA
graeca.
indica.
PEUCEDANUM
aureum.
PHALARIS
arundinacea. *var. picta.*
canariensis.
PHASEOLUS
aureus. *Zucc.*
Caracalla.
ceratonoides. †
Chunda. †
dimidiatus. *Zuc.*
fuscus. *H. Matr.*
inamœnus.
lunatus.
Max.
multiflorus. *pl. var.*
nanus.
puniceus. †
radiatus.
semierectus
vexillatus.
vulgaris. *pl. var.*
PHILADELPHUS
coronarius.
id. nanus.
PHILLYREA
angustifolia.
PHLOMIS
fruticosa.
Leonurus.
martinicensis.
tuberosa.
PHLOX
carolina.
divaricata.
glaberrima.
maculata.

PHLOX
paniculata.
reptans.
suaveolens.
PHŒNIX
dactylifera.
PHORMIUM
tenax.
PHYLICA
ericoides.
rosmarinifolia.
PHYLLANTHUS
maderaspatensis.
Niruri.
PHYLLIS
nobla.
PHYSALIS
Alkekengi.
aristata.
ixocarpos. *Brot.*
parviflora. *Zucc.*
somnifera.
PHYTOLACCA
decandra.
PINUS
Abies.
Cedrus.
Cembra.
Laricio. *Pers.*
Larix.
Picea.
Pinea.
Pumilio.
rubra.
Strobus.
sylvestris.
Taeda.
taxifolia. †
PIPER
blandum.
magnoliaefolium.
medium.
obtusifolium.
pellucidum.
polystachyon.
PISONIA
aculeata.
PISTACIA
Lentiscus.
reticulata.
Terebinthus.
trifolia.
vera.

PITCAIRNIA
bromeliaefolia.
PITTOSPORUM
undulatum.
PLANTAGO
amplexicaulis.
PLECTRANTHUS
fruticosus.
parviflorus.
PLUMBAGO
rosea.
scandens.
zeylanica.
PLUMERIA
alba.
rubra.
PODALYRIA
australis.
tinctoria.
PODOCARPUS
elongata.
PODOPHYLLUM
peltatum.
POGONIA
glabra. *Andr.*
POLEMONIUM
cœruleum.
POLIANTHES
tuberosa. *fl. pl.*
POLYMNIA
Uvedalia.
POLYGONUM
acetosaefolium. *Pers.*
frutescens.
orientale.
POLYPODIUM
aureum.
vulgare.
id. cambricum
PONTEDERIA
cordata.
POPULUS
alba.
angulata.
balsamifera.
candicans.
dilatata.
heterophylla.
nigra.
tremula.
PORTULACARIA
afra.
POTENTILLA
argentea.

POTENTILLA
fruticosa.
POTERIUM
caudatum.
hybridum.
Sanguisorba.
POTHOS
crassinervia.
lanceolata.
PRASIUM
majus.
PRENANTHES
hieracifolia.
PRIMULA
Auricula. *pl. var.*
elatior.
marginata.
veris. *pl. var.*
PRINOS
glaber.
verticillatus.
PROTEA
nova species.
PRUNUS
Armeniaca. *pl. var.*
avium.
brigantiaca. *Pers.*
candicans. †
cerasifera.
Cerasus. *pl. var.*
ead. fl. pleno.
domestica. *pl. var.*
elliptica.
Lauro-Cerasus.
lusitanica.
Mahaleb.
Padus.
pumila.
semperflorens.
serotina.
spinosa.
PSIADIA
glutinosa.
PSIDIUM
montanum.
pomiferum.
pyriferum.
PSORALEA
aphylla.
bituminosa.
bracteata.
corylifolia.

PSORALEA
glandulosa.
palaestina.
pinnata.
verrucosa.
PTELEA
trifoliata.
PULSATILLA
Halleri.
vulgaris.
PUNICA
Granatum.
ead. fl. albo.
ead. fl. luteo.
ead. fl. pleno.
nana.
PYRETHRUM
corymbosum.
frutescens.
inodorum.
PYRETHRUM
Parthenium.
id fl. pleno.
PYRUS
Amelanchier.
arbutifolia.
Aria.
baccata.
Botryapium.
PYRUS
communis. *pl. var.*
Malus. *pl. var.*
prunifolia.
salicifolia.
spectabilis.
torminalis.

Q

QUERCUS
Cerris.
coccifera.
QUERCUS
coccinea.
Ilex.
QUERCUS
Pseudosuber.
Robur.
QUERCUS
Suber.
tinctoria.

R

RANUNCULUS
aconitifolius.
acris. *fl. pl.*
asiaticus. *pl. var.*
chaerophyllus. *fl. pl.*
repens. *fl. pl.*
RAUWOLFIA
lycioides. *Cav.*
spinosa *H. Haf.*
RENEALMIA
angustifolia. †
RESEDA
odorata.
RHAMNUS
Alaternus.
id. fol. albo var.
id. fol. lut. var.
alpinus.
catharticus.
Frangula.
glandulosus.
hybridus.
infectorius.
saxatilis.
surinamensis. *Vitm.*
RHAPIS
acaulis.
RHEUM
compactum.
Rhaponticum.
undulatum.
RHODODENDRON
ferrugineum.
maximum.
ponticum.
RHODORA
canadensis.
RHUS
copallinum.
Coriaria.
Cotinus.
glabrum.
laevigatum.
lucidum.
oxyacanthoides.
radicans.
typhinum.
Vernix.
viminale.
RIBES
diacantha.
floridum.
nigrum.
rubrum.
id. fr. albo.
RIBES
Uva crispa.
id. fr. rubro.
RICINUS
communis.
inermis.
lividus.
viridis.
RIVINA
octandra.
ROBINIA
Caragana.
Chamlagu.
frutescens.
Halodendron.
hispida.
pendula ? *Pers.*
Pseudacacia.
spinosa.
viscosa.
ROSA
* alba.
* *ead. maxima. Zucc.*
* *ead. regia carnea. D. Cours.*
arvensis.
balearica. *Pers.*
ROSA
* bifera. *Pers.*
* *ead. alba.*
* *ead. pallida.*
* *ead. versicolor.*
bracteata.
* burgundiaca. *Pers.*
canina.
* carnea. *D. Cours.*
carolina.
* *ead. fl. pleno.*
* centifolia.
* *ead. mutabilis. Pers.*
* *ead. fl. pallido.*
* *ead. hollandica. Pers.*
* chinensis.
* cinnamomea.
* gallica.
* *ead. versicolor.*
* inermis.
lagenaria.
lucida.
lutea.
ead. bicolor.

(*) *L'Astérisque indique les espèces ou variétés à fleurs doubles ou semi-doubles.*

ROSA
* moschata.
* muscosa.
* parvifolia.
pendulina.
pimpinellifolia
proliferaD. *Lau*
pumila.
rubiginosa.
rubrifolia.
* semperflorens.
sempervirens.
sepium.
sinica. *Pers.*

ROSA
* sulphurea.
* *ead. nana.*
villosa.
* *ead. fl. pleno.*
* *ead. mollissima. - Pers.*
tomentosa.

ROSMARINUS
officinalis.

RUBUS
fruticosus.
id fl. pl. albo.
id. fl. pl. rubro.

RUBUS
idaeus.
id. fr. albo.
odoratus.

RUDBECKIA
amplexifolia.
hirta.
laciniata.
triloba.
purpurea.

RUELLIA
biflora.
clandestina.
lactea.

RUELLIA
varians.

RUMEX
Lunaria.
roseus.

RUSCUS
aculeatus.
Hypoglossum.
racemosus.

RUTA
chalepensis.
graveolens.
montana.
pinnata.

S

SABAL
minor. *Pers.*

SACCHARUM
argenteum.
officinarum.
id. violaceum.
Ravennae.

SAGITTARIA
sagittifolia.

SALICORNIA
fruticosa.

SALISBURIA
adianthifolia.

SALIX
alba.
amygdalina.
babylonica.
caprea.
hermaphrodita.
viminalis.
vitellina.

SALSOLA
fruticosa.

SALVIA
aethiopica. *H. - Hafn.*
amarissima.
argentea.
aurea.
austriaca.
betonicaefolia.
bicolor.
bullata.
canariensis.
ceratophylla.
ceratophylloides.

SALVIA
Clusii. *Pers.*
coccinea.
discrmas.
formosa.
Forskålaei.
glutinosa.
grandiflora.
haematodes.
hispanica.
Horminum.
indica.
interrupta *Pers.*
laciniata. *H. Par.*
lanceolata.
leucantha.
lurida. †
lyrata.
mexicana.
nemorosa.
nilotica.
nubia.
nutans.
officinalis.
ead. fol. varieg.
paniculata.
patula. *Desf.*
phlomoides.
pinnata.
pomifera.
pratensis.
pseudococcinea
reptans.
runcinata.
scabiosaefolia.
Sclarea.

SALVIA
sideritidis. *H. - Hafn.*
spinosa.
tingitana.
Verbenaca.
verticillata.
ead. napifolia.
virgata.
viridis.
viscosa.

SAMBUCUS
Ebulus.
humilis. *Mill.*
nigra.
ead. laciniata.
racemosa.

SANSEVIERA
guineensis.
pumila. (12)
zeylanica.

SANTOLINA
alpina.
anthemoides.
Chamaecyparissus.
ericoides. *Pers.*
eriosperma.
maritima.
rosmarinifolia.

SANVITALIA
procumbens.

SAPINDUS
Saponaria.

SAPONARIA
officinalis.

SATUREJA
graeca.
juliana.
montana.
Thymbra.

SAXIFRAGA
Cotyledon.
crassifolia.
cuneifolia.
hirsuta.
sarmentosa.

SCABIOSA
atropurpurea.
corniculata.
lucida.
prolifera.
stellata.
ucranica.

SCHINUS
Molle.

SCHŒNUS
Mariscus.

SCHKUHRIA
abrotanoides.

SCILLA
amœna.
autumnalis.
bifolia.
campanulata.
hyacinthoides.
italica.
maritima.
peruviana.

SCLEROCARPUS
africanus.

SEDUM
album.

SEDUM
dasyphyllum.
monregalense.
populifolium.
reflexum.
Telephium.
SEMPERVIVUM
arachnoideum.
arboreum.
globiferum.
hirtum.
montanum.
sediforme.
tectorum.
SENECIO
discolor. *Desf.*
elegans. *fl. pl.*
halimifolius.
SERISSA
fœtida.
ead. fl. pleno.
SESELI
Pallasii. *H. Cant.*
SESUVIUM
revolutifolium.
SIDA
Abutilon.
americana.
arborea.
cristata.
jatrophoides.
indica.
rhombifolia.
triloba.
virgata.
SIDERITIS
canariensis.
perfoliata.
SIDEROXYLON
inerme.
SILENE
amœna.
apetala.
Armeria.
baccifera.
Behen.
bipartita.
bupleuroides.
chloraefolia.
chlorantha.
cerastoides.
ciliata.
clandestina.
colorata. *Schous*
conica.

SILENE
conoidea.
coronata. *H. - - Hafn.*
cretica.
dichotoma.
disticha.
flavescens. *Kit.*
fruticosa.
gallica.
gigantea.
glutinosa.
hirsuta. *H. - - Berol.*
imbricata. *Pers.*
inaperta.
inclusa. *Schous.*
infracta.
leucojifolia. - - *Ort.*
linifolia.
longicaulis. - - *Poir.*
longiflora.
lusitanica.
maritima.
micrantha. - - *Schousb.*
montana. †
Muscipula.
Mussini. *H. - - Hafn.*
nocturna.
nutans.
orchidea.
ornata.
paradoxa.
patula.
pendula.
petraea.
picta.
pinguis. *Vahl.*
portensis.
pusilla.
quinquevulnera
reflexa. †
saxifraga.
sericea.
siepasiensis. - - *Kit.*
stricta.
undulata.
vallesia.
vespertina.
virginica.

SILENE
viridiflora.
SILPHIUM
perfoliatum.
therebinthinaceum
SINAPIS
alba.
nigra.
SISYRINCHIUM
aurantiacum. - - *Zucc.*
Bermudiana.
palmifolium.
striatum.
SMILAX
aspera.
ead. variabilis.
China.
SMYRNIUM
perfoliatum.
SOLANDRA
grandiflora.
nitida. *Zucc.*
SOLANUM
aculeatissimum
aethiopicum.
auriculatum.
betaceum.
bonariense.
campechiense.
coccineum
cornutum. *Pers.*
corymbosum.
diphyllum.
Dulcamara.
elaeagnifolium.
giganteum.
indicum.
laciniatum.
lanceolatum.
leprosum.
lycioides.
mammosum.
marginatum.
melanocerasum
Melongena.
nigrum.
peruvianum.
Pseudo-Capsicum.
Pyracantha.
racemosum?
radicans.
reclinatum.

SOLANUM
sanctum.
sodomaeum.
tomentosum.
tuberosum.
triquetrum.
vaginatum. †
verbascifolium.
Vespertilio.
violaceum. *Ort.*
SOLIDAGO
altissima.
canadensis.
lateriflora.
mexicana.
noveboracensis.
odora.
rigida.
sempervirens.
serotina.
Virgaurea.
SONCHUS
fruticosus.
SOPHORA
japonica.
tetraptera.
tomentosa.
SORBUS
Aucuparia.
domestica.
SPARMANNIA
africana.
SPARTIUM
junceum.
linifolium.
multiflorum.
scoparium.
spinosum.
SPHÆRANTHUS
indicus.
SPIRÆA
Aruncus.
chamœdrifolia.
crenata.
Filipendula.
hypericifolia.
laevigata.
lobata.
opulifolia.
paniculata.
salicifolia.
ead. alba.
sorbifolia.
tomentosa.

SPIRÆA
trifoliata.
Ulmaria.
ead. fl. pleno.

STAAVIA
radiata.

STACHYS
circinata.
intermedia.
lanata.
orientalis.
palaestina.
recta.

STACHYTARPHETA
mutabilis.

STAPELIA
ambigua.
Asterias.
bufonia.

STAPELIA
caespitosa.
elegans.
geminata.
grandiflora.
hirsuta.
hispidula. *Horn.*
irrorata.
lepida.
picta. *H. Cant.*
planiflora.
radiata.
replicata.
reticulata.
revoluta.
variegata.
verrucosa.

STAPHYLEA
pinnata.
trifoliata.

STATICE
aegyptiaca. *Pers.*
auriculaefolia.
cordata.
cuneata. †
denticulata. *Bert*
echioides.
globulariaefolia.
incana.
Limonium.
monopetala.
pectinata.
pruinosa.
sinuata.
spathulata.

STERCULIA
platanifolia.

STEVIA
Eupatoria.

STEVIA
punctata. *Pers.*
purpurea.
serrata.

STILLINGIA
sebifera.

STYRAX
officinale.

SWIETENIA
Mahagoni.

SYMPHORICARPOS
vulgaris.

SYRINGA
persica. *fol. laciniatis.*
rothomagensis. *Hortul.*
vulgaris.
ead. fl. albo.

T

TAGETES
erecta.
lucida.
patula.

TALINUM
Anacampseros.

TAMARIX
gallica.
germanica.

TANACETUM
angulatum.
vulgare.
id. crispum.

TARCHONANTHUS
camphoratus.

TAXUS
baccata.

TETRAGONIA
echinata.
expansa.
fruticosa.
hispida. †

TEUCRIUM
asiaticum.

TEUCRIUM
betonicum.
creticum.
flavum.
fruticans.
id. latifolium.
hircanicum.
Marum.
massiliense.
orientale.
Polium.

THALICTRUM
aquilegifolium.
nigricans.

THAPSIA
villosa.

THLASPI
montanum *var. praecox.*
saxatile.

THUJA
occidentalis.
orientalis.

THYMBRA
spicata.

THYMUS
Acinos.
Calamintha.
Nepeta.
Serpyllum.
terebinthinaceus.
vulgaris.

TIARELLA
cordifolia.

TILIA
americana.
europaea.

TOLPIS
barbata.

TOURNEFORTIA
cymosa.
mutabilis.
polystachya. *Pers.*
volubilis.

TRACHELIUM
coeruleum.

TRADESCANTIA
discolor.

TRADESCANTIA
virginica.

TREVIRANA
coccinea.

TRICHOSANTHES
Anguina.

TRIFOLIUM
pannonicum.
rubens.

TRIPSACUM
Dactyloides.

TRIUMFETTA
semitriloba.

TROPÆOLUM
majus.
id. fl. pleno.

TULIPA
clusiana. *Pers.*
gesneriana. *pl. variet.*

TUSSILAGO
fragrans.

U

ULEX
europaeus.

ULMUS
campestris.
ead. latifolia.
ead. suberosa.

URENA
lobata.

URTICA
baccifera.
nivea.

V

VALERIANA
rubra.
ead. fl. albo.
VARRONIA
alnifolia. *Cav.*
martinicensis.
VELTHEIMIA
sarmentosa. *Pers*
Uvaria
viridifolia.
VERBASCUM
Blattaria.
blattarioides. †
floccosum.
phlomoides.
sinuatum.
Thapsus.
VERBENA
Aubletia.
VERBENA
mexicana.
triphylla.
VERBESINA
alata.
gigantea.
serrata.
VERNONIA
praealta.
VERONICA
spicata.
VIBURNUM
acerifolium.
Cassinoides.
dentatum.
Lantana.
Lentago.
Opulus.
id. roseum.
VIBURNUM
prunifolium.
rugosum. *Pers.*
Tinus.
id. lucidum.
VINCA
major.
minor.
ead. fl. pleno.
ead. fol. varieg.
rosea.
ead. fl. albo.
VIOLA
odorata.
ead. fl. pleno.
verticillata.
VITEX
Agnus castus.
VITEX
trifolia.
VITIS
hederacea.
Labrusca.
laciniosa.
vinifera. *pl. var.*
vulpina.
VOLKAMERIA
aculeata.
inermis.
WALTHERIA
americana
WEDELIA
perfoliata.
WESTRINGIA
rosmariniformis.

X Y Z

XERANTHEMUM
annuum.
oleaefolium. †
XIMENESIA
encelioides.
XYLOPHYLLA
falcata.
XYLOPHYLLA
ramiflora.
YUCCA
aloifolia.
Boscii. *Desf.*
filamentosa.
gloriosa.
ZANTOXYLUM
fraxineum.
ZINNIA
elegans.
multiflora.
ead. fl. luteo.
ZINNIA
tenuiflora.
verticillata.
ZIZYPHUS
Paliurus.
vulgaris.

NOTES.

(1)

AGAVE RIGIDA, foliis lineari-lanceolatis, integerrimis, rigidis, aculeo terminatis, (*stylo staminibus longiore*) *Tab.* 1. *Mill. Dict. N.* 8.

Cette espèce, dont Miller n'a point vû la fleur, a fleuri dans mon jardin l'année dernière et y a muri sa graine.

Elle a une espèce de tige : ses feuilles, longues d'environ quatre décimètres, sur quatre centimètres de largeur, sont linéaires lancéolées, très-roides, entières, épineuses sur leurs bords et terminées par une grosse épine noire et solide. De leur centre s'éleve une hampe de trois mètres de hauteur, ramifiée à son sommêt et couronnée par une multitude de fleurs d'un vert jaunâtre, aux quelles succèdent des capsules presque trigones, triloculaires, polyspermes. Les fleurs qui ne nouent pas, sont remplacées par de petits œilletons, qui se detachant de la plante, poussent des racines et lui fournissent ainsi un nouveau moyen de se reproduire.

Lieu. *La Vera Crux.* ♄. *fleurit en août.*

Culture. *Terre sablonneuse mêlée de platras de vieux murs. Orangerie ; mieux en serre tempérée.*

(2)

ALOE TORTUOSA, subcaulescens, foliis trifariam spiraliter imbricatis, ovatis, verrucosis, apice triquetris. *Horn. Enum. plant. H. Hafn.*

(3)

BERTOLONIA GLANDULOSA, foliis sessilibus, lanceolatis subserratis, pellucido-punctatis, floribus axillaribus pedunculatis, pedunculis binis ternisve. *N. Tab.* 2.

Cette plante, que je possède depuis long tems, fleurit et fructifie tous les ans dans mon jardin. Je l'ai obtenue de graines qui n'avaient aucun nom spécifique ; on lisait seulement sur le paquet, Arbrisseau à feuilles étroites, apporté par le Capitaine Baudin, des Côtes de la Nouvelle Hollande. *Elle est maintenant répandue dans quelques jardins sous le nom d'*Andrewsia scabra (Pogonia. *Pers. Synops. plant. T.* 1 *p.* 32); *genre du quel je trouve qu'elle diffère considérablement tant par rapport au calice, au style et au nombre des étami-*

nes, que par son fruit constamment triloculaire (a) *tandis qu'il est à quatre loges dans l'*Andrewsia ; *mais si ses caractères génériques ne s'accordent pas, ainsi que je viens de l'observer, avec ceux de l'*Andrewsia, *je conviens cependant que la description que Monsieur Dumont de Courset donne de l'*Andreswia scabra, *dans son excellent ouvrage*, le Botaniste Cultivateur *Tom.* 3 *p.* 319 *2me édition, a le plus grand rapport avec ma plante, et c'est peut être cette même espèce qu'il a décrite ; ce qui me fairait croire qu'il n'en a point vû la fleur, ni le fruit, puisque sans celà il n'aurait pas manqué de reconnaître que les caractères génériques de l'*Andrewsia *ne conviennent aucunement à cette plante. Croyant donc qu'elle pouvait constituer un nouveau genre, je l'ai dédié à Mons. Bertoloni Docteur Médecin et savant Botaniste de Sarzane. J'en donne ici la description et la figure ; j'espère que les Botanistes me sauront bon gré de leur avoir donné le résultat de mes observations sur cette plante intéressante.*

TETRANDRIA MONOGINIA.

BERTOLONIA.

Character naturalis.

Cal. Perianthium monophyllum 5-fidum persistens.

Cor. Monopetala, limbo 5-fido patente, laciniis subemarginatis, fauce villosula.

Stam. Filamenta quatuor corollae breviora ejusdem basi inserta, Antherae cordatae incumbentes.

Pist. Germen subrotundum superum, stylus filiformis persistens, stigma oblongum persistens.

Peric. Drupa succulenta, subumbilicata, globosa.

Sem. Nux subsphaerica, rugosula, trilocularis, trisperma.

(a) J'ai examiné scrupuleusement à la loupe pendant deux ou trois printemps et à différentes époques de végétation les fruits de cette plante, et je les ai toujours trouvés triloculaires. De quelques centaines que j'en ai coupés, aucun n'avait quatre loges, ni le moindre rudiment d'une quatrième loge avortée.

DESCRIPTION DE LA PLANTE.

Arbrisseau de 15 à 18 décimètres, toujours vert.

Rameaux. *Alternes, diffus; les jeunes couverts d'une écorce glanduleuse et rougeâtre.*

Feuilles. *Lancéolées, sessiles, un peu pointues, dentées inégalement, d'un beau vert foncé, ayant de petits points transparents; placées irrégulièrement sur toute la longueur des branches.*

Fleurs. *Pédonculées, axillaires, geminées, souvent au nombre de trois ensemble, presque jamais solitaires.*

Corolle. *Monopétale à 5 divisions, blanche, marquée de petits points violets à son orifice.*

Étamines. *Insérées sur la corolle et plus courtes qu'elle.*

Anthères. *Cordiformes, penchées.*

Style. *Filiforme, persistant.*

Fruit. *Drupe succulente, globuleuse, presque ombiliquée à l'insertion du style, renfermant un noyeau raboteux à 3 loges et 3 semences.*

Lieu. *Les Côtes de la Nouvelle Hollande. ♄. Fleurit en avril et en mai.*

Culture. *Orangerie. Terre substantielle, plutôt légère que trop compacte. Arrosements fréquents pendant les chaleurs de l'été, modérés en hiver. Mult. par marcottes et par boutures qui s'enracinent facilement.*

(4)

CACTUS PROLIFERUS, subrotundus, tuberculis ovatis, barbatis, longis albidis. *Miller Dict. N.° 6.*

Ce Cactier, que quelques personnes ont regardé comme une variété du Cactus mammillaris, *est une espèce très-distincte.*

Je possède depuis plus de vingt ans ces deux plantes, que j'ai prodigieusement multipliées, et elles se sont constamment reproduites sans la moindre altération. Il est vrai que le Cactus proliferus *ne donnant point de graine dans notre climat, et ne pouvant par conséquent se propager qu'au moyen des jeunes plantes qu'il pousse sur les côtés, ne saurait varier par cette voie de multiplication; mais le* Cactus mammillaris *fleurit et fructifie régulièrement tous les ans, et sa graine, qui lève avec facilité, fournit une grande quantité de jeunes plantes, parmi les quelles il devrait s'en rencontrer quelques unes de semblables, ou du moins approchantes du* Cactus proliferus, *si celui-ci, comme on l'a présumé, n'était qu'une variété de l'autre; mais bien loin de là, j'en ai eu par centaines, et pas une n'a eu le moindre rapport avec lui.*

Un pareil résultat, me parrait plus que suffisant pour constater que ces deux Cactiers sont deux espèces bien distinctes l'une de l'autre.

(5)

CACTUS SERPENTINUS. Erectus debilis 12-angularis, spinis setaceis albicantibus. ♄. N.

Ce Cactier a une tige droite, faible, cylindrique, à 12 angles peu saillants, couverte d'épines blanchâtres, courtes et faibles, qui sortent par paquets serrés, de ses angles: son diamètre est de 4 centimètres environ. La fleur est blanche à long tube et de la largeur de 15 centimètres, avec un style plus court que les étamines, et le stigmate à 7 divisions. Elle s'ouvre le soir; sa durée n'est que de cinq ou six heures.

(6)

CACTUS SPECIOSUS. Erectus, triangularis, flore terminali. ♄. N.

Cette espèce ressemble un peu par sa tige trigone au Cactus Pitajaya. *Sa fleur est très belle; elle a environ 14 centimètres de largeur, les pétales sont de la couleur du plus beau carmin changeant en violet sur leurs bords; les étamines et les anthères sont blanches, le style pourpre et le stigmate blanc.*

L'individu que j'ai, n'a encore porté qu'une seule fleur, qui s'est épanouie le soir; elle était terminale et inodore. Je n'ai pu m'assurer de sa durée, l'ayant coupée pour la placer dans mon herbier.

(7)

CAPSICUM MICROCARPON caule fruticoso, foliis, ramulis, pedunculisque villosis. ♄. N.

Cette espèce approche du Capsicum baccatum. *Elle en diffère cependant par sa tige, ses branches et ses feuilles velues: son port est aussi plus élevé et ses branches plus droites. Il y a six ans que j'en ai reçu les graines de M.r Broussonnet; je les ai depuis semées régulièrement tous les ans; la plante n'a jamais varié.*

(8)

NERIUM FLAVESCENS, foliis lineari-lanceolatis, ternatis oppositisve, subtus costatis, floribus pedunculisque flavescentibus. ♄. N.

Nerium odorum β *luteum.* Calycis laciniis erectis nectariis multifidis filiformibus cauda antherarum faucem superante. *Targioni Observ. Bot. Decas.* 1 *et* 2, *pag.* 27.

Nerium dubium. *Cat. H. Taur.*

Cette plante qui, par son port, a de la ressemblance avec le Laurier-Rose commun, ne doit pas être regardée, à mon avis, comme une simple variété de celui-ci, dont elle diffère considérablement, soit par la dimension de toutes ses parties qui sont beaucoup plus petites, soit par la teinte jaunâtre de ses branches, de ses feuilles et de ses fleurs. Il est possible, d'après l'avis de Mr. Targioni, qu'elle soit une variété du Nerium odorum, *cependant je puis assurer que depuis plusieurs années que je la possède ses graines m'ont constamment produit des individus sans la moindre altération, de même que celles du* Nerium Oleander, *qui n'ont aussi jamais varié, malgré la proximité de ces plantes dans le tems de leur fleuraison. Je regarde donc le* Nerium flavescens *comme une espèce bien distincte; celui-ci languit dans mon jardin et n'y fleurit pas lorsqu'il est placé en pleine terre, ou il perd ses tiges par le moindre dégré de congélation, tandis que le* Nerium Oleander *y végète bien et n'est endommagé que dans les hivers très-rigoureux.*

(9)

PELARGONIUM ACERIFOLIUM. var. Umbellis sub multifloris, foliis inferioribus sub quinque lobis, superioribus trilobis, supremis integris. ♄. N.

Cette plante, que j'ai obtenue de graines et que je regarde comme une variété du Pelargonium acerifolium, *a les feuilles moins grandes que celui-ci, moins profondément lobées et les feuilles supérieures entières. Ses fleurs sont plus grandes que celles de l'espèce, d'un rouge plus foncé, et ressemblent à celles du* Pelargonium cucullatum.

(10)

PELARGONIUM DENTICULATUM *var. majus.* ♄. N.

J'ai reçu les graines de cette plante sous le nom de Pelargonium acutangulum. *Je la crois une variété du* Pelargonium denticulatum, *dont elle ne diffère que par sa taille et la dimension de toutes ses parties, qui sont beaucoup plus grandes que dans l'espèce.*

(11)

PELARGONIUM ERUBESCENS, umbellis 4- vel 5-floris, foliis longe petiolatis villosiusculis lobatis denticulatis, basi rotundatis, margine et nervis rubellis. ♄. N.

Cette espèce est remarquable par sa tige très-élevée, ferme, velue et rougeâtre, et par ses feuilles qui ont leur bord et leurs nervures rouges. Les fleurs ressemblent à celles du Pelargonium acerifolium.

(12)

SANSEVIERA PUMILA. N.

Cette espèce n'a point encore fleuri dans mon jardin, quoique je la possède depuis plus de quinze ans. Elle a une racine noueuse, de laquelle sortent des feuilles courtes, épaisses, courbées en arrière, carênées et marquées de taches d'un vert foncé, à peu près comme celle du Sanseviera guineensis, *dont elle n'est peut être qu'une variété.*

Figure 1 Calice.

2 } Corolle.
3

4 Germe après la fécondation.

5 } Fruit mur.
6

7 Noyeau.

8 Le même coupé transversalement.

9 Semence.

(Nota) - *Toutes ces parties sont grossies et dessinées à la Loupe.*

10 Fruit mur de grosseur naturelle.

Tab. 2.

www.ingramcontent.com/pod-product-compliance
Ingram Content Group UK Ltd.
Pitfield, Milton Keynes, MK11 3LW, UK
UKHW020216180726
13838UKWH00005B/2032